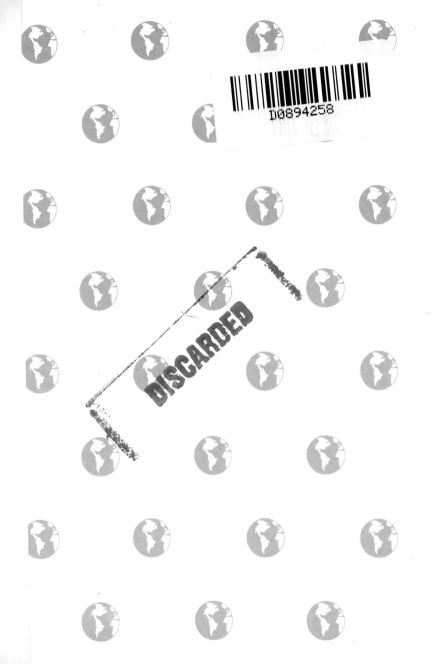

Philippe Schuwer et Dan Grisewood

ont créé cette collection.

Keith Lye a écrit ce livre.

Dominique Rist l'a traduit, avec les conseils de Brian Williams et de Nigel Nelson.

Camilla Hallinan et Véronique Herbold ont coordonné l'édition.

John Barber, Jim Channell, Peter Goodfellow, Kevin Maddison,

Larry Rostant, John Spires, Swanston Graphics,

Ann Winterbotham et Paul Young ont illustré ce livre

d'après une maquette de Caroline Johnson.

Annie Botrel a assuré la fabrication

et Françoise Moulard la correction.

MA PREMIÈRE ENCYCLOPÉDIE

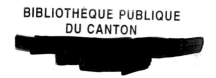
LAROUSSE - 17, RUE DU MONTPARNASSE - 75298 PARIS CEDEX 06

ISBN 2-03-651802-8

Composé par SCP - Bordeaux.
Photogravé par Scantrans Pte Ltd. Singapour
Imprimé par New Interlitho, Milan.
Dépôt légal : ocobre 1992
N° d'éditeur : 19119
Imprimé en Italie (Printed in Italy)
651802-08 août 1997

La Terre

N

S

LAROUSSE

Entrons dans ce livre

🌍 PLANÈTE TERRE

🏔 LE RELIEF

💧 L'EAU

L'AIR

LA TERRE ET L'ESPACE

AUTOUR DU MONDE

LES HOMMES ET LA TERRE

Planète

Terre

Voici la Terre.

La Terre est une grosse boule rocheuse. C'est l'une des neuf planètes qui tournent autour du Soleil.

Voici comment on voit la Terre quand on est dans l'espace.

La Terre paraît bleue parce que les océans, les mers et les lacs occupent les sept dixièmes de sa surface.

Les tourbillons sont
les nuages blancs qui
font partie de la couche
d'air entourant la Terre.

Cette couche
d'air s'appelle
l'atmosphère.

La Terre est la seule
planète où nous pouvons
respirer de l'air.

🌍 La Terre est belle.

Les paysages de la Terre sont différents
partout. Certaines régions du monde sont
chaudes, d'autres sont froides et couvertes
de glace. Le relief est parfois élevé,
avec des montagnes et des volcans.

La plupart des hommes vivent dans les plaines, des étendues où le relief est plat et le sol couvert de forêts et de prairies.

Les hommes ont transformé les paysages. Ils ont coupé des forêts pour mettre le sol en culture. Ils ont construit des villes et des routes.

Sais-tu que...

La Terre n'est pas une boule parfaite. Elle est légèrement aplatie en haut, autour du pôle Nord, et en bas, autour du pôle Sud. Elle est renflée au milieu, près de l'équateur.

Si tu faisais le tour de la Terre, tu ferais un voyage de 40 000 km.

La Terre semble grande, mais elle n'est qu'une petite partie de l'Univers. L'Univers est formé de millions et de millions d'étoiles.

La Terre est la seule planète que nous connaissions où existe la vie. Il y a peut-être dans l'Univers d'autres planètes où la vie est possible.

La Terre est une planète rocheuse, comme Mercure, Vénus, Mars et Pluton. Les autres planètes, Jupiter, Saturne, Uranus et Neptune sont des boules de gaz.

Le relief

▲▲ Sous tes pieds

L'extérieur de la Terre est une coquille faite de roches dures. Cette croûte est mince, recouverte par le sol et l'eau.

Le sol est fait des débris des roches mêlés à des végétaux morts.

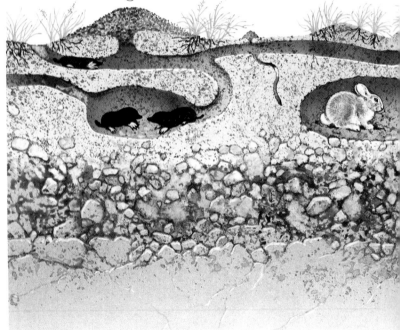

Les plantes se nourrissent dans le sol, grâce à leurs racines.

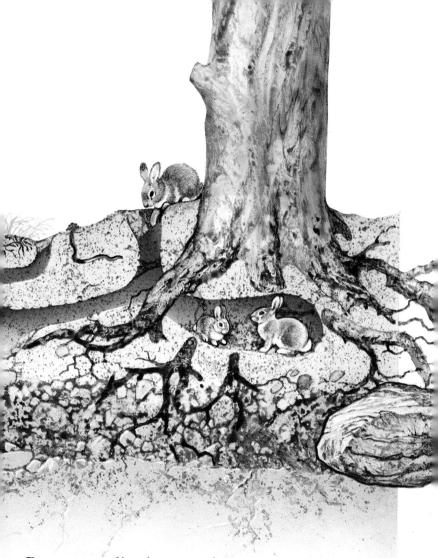

Beaucoup d'animaux vivent sous terre
et creusent leurs abris dans le sol.

⛰ Les roches

Il y a toujours des roches en dessous
de toi, que tu te trouves en mer ou sur
terre. Il existe trois types de roches.

Les roches sédimentaires proviennent
des dépôts de vase et de coquillages marins
qui s'empilent peu à peu, en écrasant
les couches inférieures. Le calcaire, la craie
et le grès sont des roches sédimentaires.

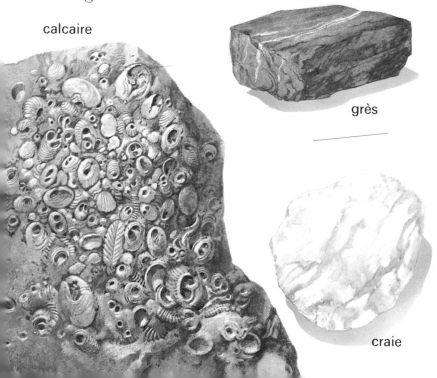

calcaire

grès

craie

Les roches éruptives se forment à partir de roches chaudes en fusion, venues de l'intérieur du globe.

Le granite est une roche éruptive.

granite

Les roches métamorphiques ont été refondues et écrasées plusieurs fois.

marbre

Le marbre et l'ardoise sont des roches métamorphiques.

ardoise

▲▲ L'âge des roches

Tu peux voir sur les parois des falaises et dans les vallées profondes comment sont empilées les couches de roches.

En regardant les fossiles, tu connaîtras l'âge des roches.

1 700 000 000 d'années

550 millions d'années

250 millions d'années

Les fossiles sont des restes de plantes
et d'animaux morts. Les ammonites
vivaient dans la mer il y a des millions
d'années. Les coquilles de leurs cadavres
se sont recouvertes de vase et de roches.
Elles sont devenues des fossiles.

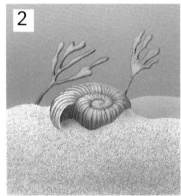

Voyageons à l'intérieur

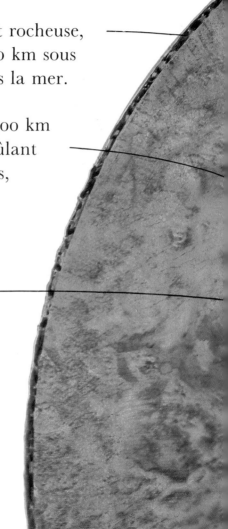

La Terre est divisée en trois parties :
la croûte, le manteau et le noyau.

1. La croûte, dure et rocheuse,
a une épaisseur de 40 km sous
le sol et de 6 km sous la mer.

2. Le manteau a 2 900 km
d'épaisseur. Il est brûlant
et, à certains endroits,
les roches sont en
fusion.

3. Le noyau est
plus chaud.
Il a 6 900 km
d'épaisseur.
Le noyau externe
est fait de métaux
liquides. Le noyau
interne est solide.

Les séismes

La croûte extérieure de la Terre est divisée
en morceaux immenses ou plaques, qui
bougent très lentement, poussés par-dessous
par les courants des roches en fusion.

La terre tremble lorsque deux plaques se rencontrent. Les séismes, ou tremblements de terre, sont parfois si violents que les immeubles s'effondrent.

▲▲ Les volcans

Un volcan est une montagne de lave, située
sur une ouverture de la croûte terrestre.
Il s'est construit avec des roches brûlantes,
le magma, venues de l'intérieur.

Le magma, qui jaillit en haut du volcan,
se refroidit, s'écoule et devient de la lave
qui durcit. La lave se dépose et s'accumule
à chaque éruption.

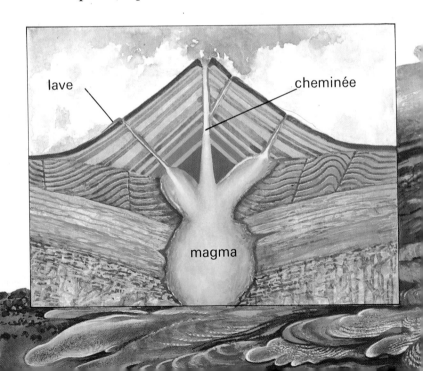

lave

cheminée

magma

Les montagnes

Les chaînes de montagnes ont mis des
millions d'années à se former.

Les montagnes se forment quand deux
plaques se heurtent et se poussent.
Les roches qui se trouvent aux extrémités
des plaques se soulèvent et se plissent.

Les montagnes jeunes continuent à s'élever. Elles ont des sommets dentelés. Les montagnes plus anciennes ont des sommets arrondis, aplanis.

▲ Les formes du relief

Les éléments de la nature attaquent les
roches et modèlent le relief de la Terre.
Le vent et la pluie usent les roches,
qui changent de forme, très lentement,
depuis des millions d'années.

▲▲ Dans une grotte

Les eaux de pluie attaquent le relief.
Elles creusent des tunnels et des grottes
dans les roches calcaires (1).

Certaines rivières sont souterraines.
Elles traversent des grottes obscures (2).

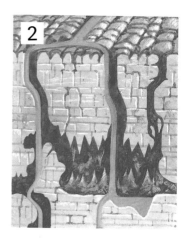

3. les minéraux contenus dans les gouttelettes
d'eau qui tombent du plafond forment
les stalactites. Les stalagmites apparaissent
depuis le sol. Elles grandissent
de un millimètre par an.

Sais-tu que...

▲▲ La Terre s'est formée il y a
4 milliards 600 millions d'années.
Les roches brûlantes à la surface ont
durci et refroidi pour donner la croûte.

▲▲ Les premiers fossiles datent de
3 milliards 500 millions d'années.
Les fossiles de dinosaures prouvent que
ces animaux sont apparus voici 200 millions
d'années.

▲▲ Le plus haut sommet du monde
est le mont Everest, dans la chaîne de
l'Himalaya, entre le Népal et la Chine,
en Asie. Il atteint 8 848 m.

▲▲ L'usure de la pierre par le vent
et la pluie s'appelle l'érosion.
Tu peux la constater sur les statues,
les monuments et les immeubles anciens.

L'eau

◖ La mer

Les mers et les océans occupent la plus grande partie de la Terre. Ils nous sont très utiles.

côte
plate-forme pétrolière
bateaux de pêche

fosse

Les pêcheurs attrapent des poissons.
Les spécialistes pompent du gaz et du pétrole dans les roches du fond des mers.

Certains volcans prennent naissance au
fond des océans. Ils s'élèvent parfois
au-dessus de la surface de l'eau et
forment des îles. Les icebergs sont
de grandes masses de glace qui flottent.

île   iceberg

Sous les océans, il y a des montagnes,
des vallées et des plaines. Les vallées
les plus profondes s'appellent des fosses.

◈ L'eau voyage.

L'eau fait un aller et retour
entre la mer et la terre.
Ce cycle ne s'arrête jamais.

<u>1.</u> Le soleil réchauffe l'eau des
océans. Une partie de cette eau
se transforme en un gaz invisible
dans l'air, la vapeur d'eau.

<u>2.</u> L'air s'élève, se refroidit, et la
vapeur d'eau devient des gouttes.

3. Les gouttes d'eau forment des nuages: Les vents poussent les nuages vers la terre.

4. L'eau des nuages tombe au sol, sous forme de pluie, de neige ou de grêle. Elle pénètre peu à peu dans le sol.

5. Les fleuves rapportent une partie de l'eau dans la mer. Le cycle recommence.

💧 La vie d'un fleuve

Les fleuves et les rivières sont des cours d'eau. Les rivières se jettent dans les lacs ou les fleuves. Les fleuves se jettent dans la mer.

Les fleuves ont une vie. Ils naissent, grandissent, disparaissent.

1. La source.

Certains fleuves naissent au pied des glaciers. D'autres prennent leur source sous le sol ou dans des lacs.

Le fleuve de montagne suit une pente raide ; son cours est rapide et coupé de cascades. Il creuse des vallées profondes.

2. En plaine.

Le fleuve s'élargit. Il dessine parfois des courbes, appelées « méandres ».

3. Près de la mer.

Le fleuve ralentit son cours. Il disparaît en se jetant dans la mer, à l'embouchure.

💧 Lacs et cascades

Les lacs sont des étendues d'eau entourées de terres, qui se forment dans de grands creux du relief. Ils reçoivent l'eau des rivières qui s'y jettent.

Les rivières et les torrents dévalent les falaises raides, faites de roches dures et résistantes, en formant des cascades et des chutes d'eau.

45

Sais-tu que...

🔹 Il y a quatre océans : les océans Pacifique, Indien, Atlantique et Arctique. L'océan Pacifique est plus grand que tous les continents.

🔹 Le point le plus profond des océans est situé à − 11 000 m, dans la fosse des Mariannes, dans le Pacifique.

🔹 Le Nil, en Afrique, est le plus long fleuve du monde, avec 6 700 km.

🔹 Le geyser est une source d'eau chaude, qui jaillit du sol. Il est situé à un endroit où le magma réchauffe l'eau souterraine. Le jet d'eau du geyser dépasse parfois 30 m.

🔹 Les chutes de l'Ange, au Venezuela, en Amérique du Sud, sont les plus hautes du monde. Elles atteignent 979 m.

L'air

Qu'est-ce que l'air ?

L'air existe partout autour de nous, mais nous ne le sentons pas et nous ne le voyons pas. L'air est un mélange d'azote et d'oxygène, des gaz invisibles. Les hommes, les animaux et les plantes ont besoin de ces gaz pour vivre.

L'air qui entoure et recouvre la Terre s'appelle l'« atmosphère ». Celle-ci emmagasine la chaleur du soleil pour maintenir la température de la Terre. Elle la protège aussi des rayons du soleil, qui sont dangereux. L'air provoque les variations du temps : le vent, la chaleur, la pluie.

Plus haut dans l'atmosphère, l'air contient de moins en moins d'azote et d'oxygène. Il se refroidit et disparaît peu à peu. L'espace commence.

Le vent

Le vent, c'est de l'air qui se déplace.

La chaleur du
soleil réchauffe
l'air, qui s'élève.

L'air froid pénètre
sous l'air chaud, et
le vent commence
à souffler.

Les oiseaux
utilisent l'air
pour glisser
dans le ciel. Ils
remuent à peine
leurs ailes. L'air
chaud les porte
vers le haut.

La vitesse du vent est mesurée par l'échelle
de Beaufort.

Le vent de force 1 sur l'échelle de Beaufort est léger. Le vent de force 4 est une brise qui souffle à 24 km/h.

Le vent de force 7 souffle en rafales, à 56 km/h. Le vent de force 10 souffle en tempête, à 96 km/h.

Les tempêtes

Les orages apportent du vent et de la pluie.
Les ouragans sont des tempêtes violentes,
qui se forment au-dessus des océans.
En atteignant la terre, les ouragans
provoquent des dégâts énormes.

Les tornades sont des tourbillons qui se
forment sur terre. Elles détruisent les
arbres et les maisons.

Foudre et tonnerre

Les gros nuages noirs d'orage se chargent d'électricité. Celle-ci se décharge en donnant une étincelle géante, la foudre.

La foudre tombe directement par terre. Elle est dangereuse, car elle a une forte puissance électrique.

Le bruit du tonnerre éclate quelques
secondes après. Il est provoqué par la
foudre. La foudre réchauffe l'air, et des
masses d'air se mettent à bouger dans
un grondement.

Nous entendons le tonnerre après avoir vu
l'éclair de la foudre car, dans l'air, le son
voyage moins vite que la lumière.

☁ Les nuages

Les nuages sont faits de millions de gouttelettes d'eau et de cristaux de glace, suspendus dans l'air.

Les nuages aident à prévoir le type de temps qui va arriver.

cumulus

cumulo-nimbus

cirrus

Les nuages les plus
élevés sont les cirrus.
Ils sont faits de
cristaux de glace.

Les cumulo-nimbus sont
les plus grands nuages.
Ils apportent des pluies
violentes et de la grêle.

stratus

La pluie

Les gouttelettes d'eau que contiennent les nuages se rejoignent et forment des gouttes de pluie. Elles grossissent, s'alourdissent et tombent par terre.

La pluie est nécessaire pour cultiver les plantes qui nous nourrissent. S'il ne pleut pas suffisamment, les plantes risquent de mourir. Les hommes et les animaux n'auront plus assez à manger.

Le riz a besoin de beaucoup d'eau. Les agriculteurs cultivent le riz dans des rizières, dont les murets gardent l'eau.

Les gouttes d'eau gèlent dans l'air très froid et retombent sous forme de grêle.

La neige et la glace

Dans les régions froides, l'eau gèle. La glace
et la neige recouvrent le sol et les arbres.
Un flocon de neige est fait de cristaux
de glace collés ensemble.

Avec une loupe, tu peux voir les formes des cristaux de glace contenus dans un flocon de neige.

Les pays froids

Le climat, c'est le temps qu'il fait dans une région. L'Antarctique, autour du pôle Sud, a un climat très froid. Il est recouvert de glace.

Les régions de l'Arctique, autour du pôle Nord, sont couvertes de glace et de neige.

Mais la neige fond en été dans les régions de la toundra. Il y a de l'herbe, des fleurs. Les caribous viennent paître. Les insectes se multiplient et des oiseaux vont y nicher.

# Arbres et forêts

Dans les régions du Nord, l'hiver est long et froid. Les arbres des forêts sont toujours verts. Ils ne perdent pas leurs feuilles.

Dans les pays aux climats plus doux, les forêts sont variées. La plupart des arbres perdent leurs feuilles en hiver.

Les bois et les forêts abritent et nourrissent des animaux.

Savanes et prairies

Les régions où il fait assez sec ont de vastes
étendues d'herbe et peu d'arbres.

Les kangourous
vivent dans le
bush, la savane
d'Australie.

La savane africaine accueille une multitude
d'animaux.

Chaud et sec

Les déserts de sable occupent de larges
parties du monde. Il n'y pleut presque
pas. Très peu de plantes et d'animaux y
vivent. Les dunes sont des collines de
sable que le vent a construites.

Les graines de certaines plantes restent
sous le sol du désert pendant des années.
Elles se mettent à pousser après un orage.

Les cactus des déserts américains sont des plantes aux tiges épaisses qui retiennent l'eau.

La gerboise vit dans le désert. Cet animal creuse des terriers dans le sable et sort la nuit pour se nourrir, quand il fait frais.

La forêt tropicale

La forêt tropicale humide pousse dans les régions chaudes qui reçoivent beaucoup de pluie. La moitié des espèces animales et végétales vivent dans ces forêts.

Les forêts tropicales humides sont en danger. Les hommes les détruisent pour les transformer en terres agricoles.

Sais-tu que...

〰️ Le désert d'Atacama, au Chili, en Amérique du Sud, est la région la plus sèche du globe.

〰️ Il pleut plus de 350 jours par an au mont Wai-'ale-'ale, à Hawaii, plus que partout ailleurs dans le monde.

〰️ Des grêlons aussi gros que des balles de tennis tombent parfois du ciel. En 1986, des grêlons pesant 1 kg sont tombés au Bangladesh, en Asie.

〰️ L'Antarctique est la région la plus froide du globe. La température de l'air y est descendue à $-89,2$ °C en 1983.

〰️ La température s'est élevée jusqu'à 58 °C en 1922, dans le désert de Libye, en Afrique.

La Terre

et l'espace

Terre, Soleil, Lune

La Terre est l'une des neuf planètes qui tournent autour du Soleil. Elle fait le tour du Soleil en un an. Le Soleil est 100 fois plus grand que la Terre.

Ne regarde jamais directement le Soleil ! La lumière de cette boule de gaz brûlante peut abîmer les yeux.

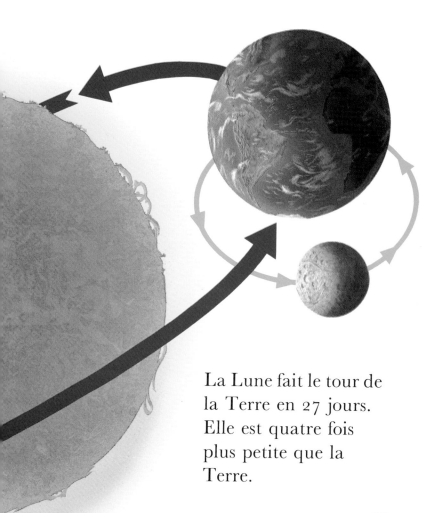

La Lune fait le tour de
la Terre en 27 jours.
Elle est quatre fois
plus petite que la
Terre.

Le jour et la nuit

La Terre tourne sur son axe en même temps qu'elle tourne autour du Soleil.

Cet axe est une ligne imaginaire qui va du pôle Nord au pôle Sud en passant par le centre de la Terre.

La Terre met un jour (24 heures) pour faire un tour complet sur son axe.

Pôle Sud

S

Le Soleil éclaire la partie de la Terre qui lui fait face. Comme la Terre tourne sur son axe, cette partie s'éloigne du Soleil et s'obscurcit. La nuit et le jour se succèdent en 24 heures.

N

Pôle Nord

Paris, la nuit

Paris, le jour

La durée des jours

L'axe de la Terre est incliné de 23,5°.
Une moitié de la Terre (ou hémisphère)
est d'abord inclinée vers le Soleil, puis
c'est l'autre.

Voilà pourquoi le temps change au cours
des quatre saisons de l'année : l'été,
l'automne, l'hiver et le printemps.

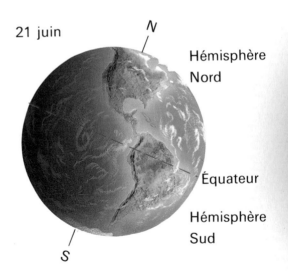

21 juin

N

Hémisphère
Nord

Équateur

Hémisphère
Sud

S

L'équateur est une ligne imaginaire
qui divise la Terre en deux hémisphères.

Le 21 juin est le premier jour de l'été dans l'hémisphère Nord, qui est alors penché vers le Soleil. C'est le premier jour de l'hiver dans l'hémisphère Sud.

L'été débute le 21 décembre dans l'hémisphère Sud quand celui-ci est incliné vers le Soleil. C'est le premier jour de l'hiver dans l'hémisphère Nord.

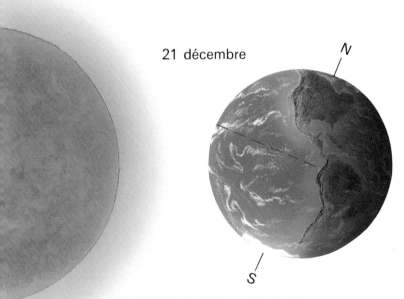

21 décembre

N

S

Les saisons de l'hémisphère Sud s'opposent à celles de l'hémisphère Nord.

Les saisons

Au printemps, les jours sont assez doux.
En été, les jours sont plus chauds.

En automne, les jours se rafraîchissent.
En hiver, les jours sont froids.

Aux pôles Nord et Sud, il n'y a que deux saisons : l'été, durant lequel le soleil ne se couche pas et où il fait tout le temps jour ; l'hiver, durant lequel il fait toujours nuit.

Près de l'équateur, il y a deux saisons : la saison humide et la saison sèche.

Sais-tu que...

● L'année du calendrier compte
365 jours. Mais la Terre met 365 jours,
5 heures et 46 secondes pour faire le
tour du Soleil. Tous les quatre ans, on
ajoute un jour au calendrier. L'année
est alors bissextile.

● La Lune s'est formée en même temps
que la Terre. Les savants ont prouvé que les
plus anciennes roches rapportées par les
astronautes datent de 4 milliards
600 millions d'années.

● La vie n'existe pas sur la Lune, qui
n'a ni air ni eau.

● À Yuma, en Arizona, en Amérique
du Nord, le soleil brille durant plus de
4 000 heures par an, soit 11 heures par
jour.

● Au pôle Sud, le soleil brille à peine
182 jours par an.

Autour

du monde

Terre et mers

Voici la Terre, à plat sur une carte. Les points cardinaux indiquent la direction du nord, du sud, de l'est et de l'ouest.

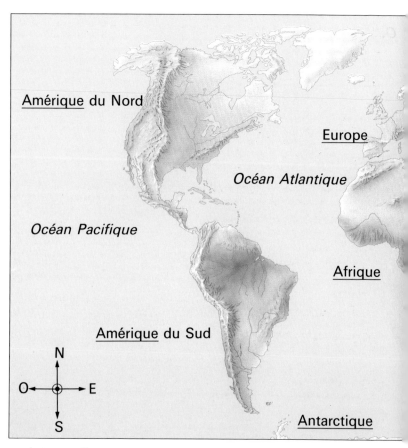

points cardinaux

La Terre compte six continents : l'Asie, l'Afrique, l'Europe, l'Amérique (du Nord et du Sud), l'Océanie, l'Antarctique.

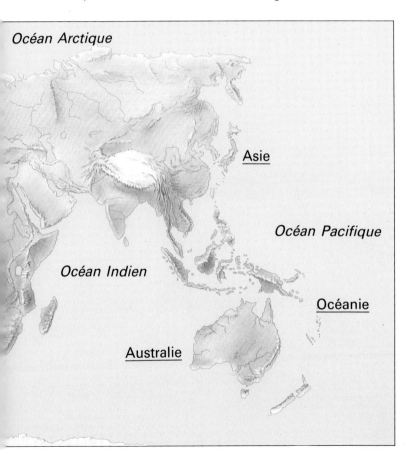

L'Amérique du Nord

Dans chaque continent, la nature offre des merveilles. Voici quelques paysages magnifiques en Amérique du Nord :

Les chutes du Niagara.

Les montagnes Rocheuses.

Monument Valley, un désert rocheux.

Une île dans la mer des Caraïbes.

Les chiffres sur la carte te permettent
de situer ces lieux.

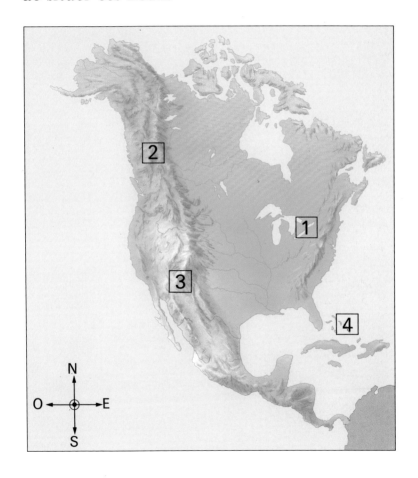

L'Amérique du Sud

L'Amazone et la vaste forêt amazonienne.

Les Andes, une grande chaîne de montagnes.

Le désert de l'Atacama, une région très sèche.

La prairie argentine, ou Pampa.

Les chiffres situent les paysages de la page 88.

Vallée glaciaire,
ou fjord,
en Norvège.

Le Cervin, dans
les Alpes, des
montagnes jeunes.

Le Rhin s'écoule
entre les Alpes
et la mer du Nord.

La côte de
la mer
Méditerranée.

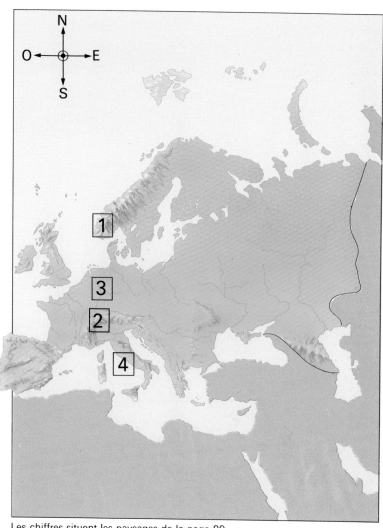

Les chiffres situent les paysages de la page 90.

♀ L'Asie

Le mont Everest,
le plus haut
sommet du monde.

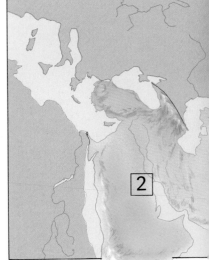

Puits de pétrole
en Arabie.

Rizières au
Japon.

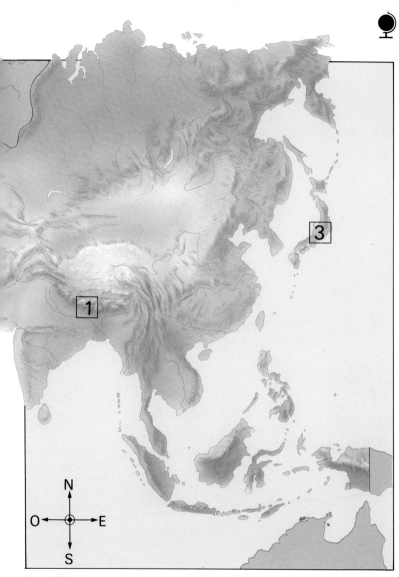

Les chiffres situent les paysages de la page 92.

🌍 L'Afrique

Le Sahara, le plus grand désert.

Le Nil, un grand fleuve du monde.

Le Kilimandjaro surplombe la savane.

Les chutes Victoria, sur le Zambèze.

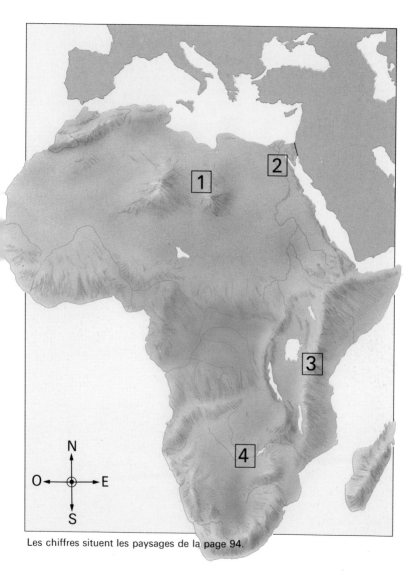

Les chiffres situent les paysages de la page 94.

🌐 L'Océanie

Une île volcanique
du Pacifique.

Ayers Rock,
en Australie.

Le Murray, le plus
grand fleuve
d'Australie.

Geyser en Nouvelle-
Zélande.

L'Océanie comprend des îles de l'océan
Pacifique : l'Australie, la Nouvelle-
Zélande, la Nouvelle-Calédonie, Tahiti.

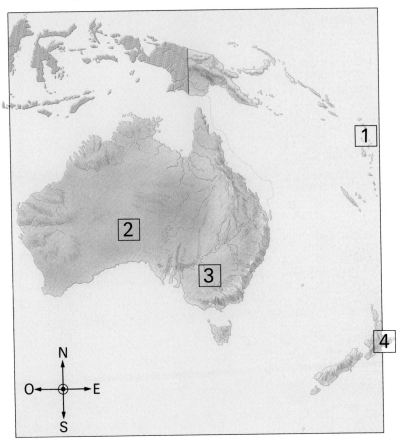

Les chiffres situant les paysages de la page 96.

Sais-tu que...

Il y a 200 millions d'années, les continents formaient un seul bloc. Tu vois sur la carte du monde des pages 84 et 85 que les contours des continents s'emboîtent comme les pièces d'un puzzle géant.

L'Australie fait partie de l'Océanie. Elle est la plus grande île habitée du monde.

L'Asie est le plus grand continent du monde.

Il y a plus de 5 milliards d'habitants dans le monde.

La Chine, en Asie, compte plus de un milliard d'habitants. C'est le pays le plus peuplé du monde.

Les hommes

et la Terre

▰ Le paysage change.

Les hommes transforment la terre. Ils déboisent les forêts pour cultiver.

Alors, les plantes et les animaux qui vivaient dans la forêt disparaissent.

Les agriculteurs cultivent la terre. Ils habitent souvent dans des villages. Beaucoup de villages possèdent une école, une poste, un médecin, un magasin.

Les villages grandissent parfois et se transforment en villes.

![] Vivre dans la ville

Il y a 200 ans, les hommes vivaient
surtout dans des fermes et des villages.
Aujourd'hui, dans beaucoup de pays,
la plupart des gens vivent dans des villes.

Les villes ont de grands hôpitaux, des écoles,
des magasins. Elles ont aussi des usines et
des bureaux, où travaillent les habitants.

On utilise l'automobile, l'autobus,
le métro pour circuler dans les villes.

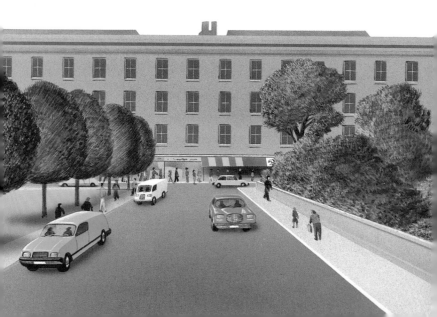

Transports et voyages

On utilise
parfois des
animaux.

L'automobile
est le moyen
le plus
utilisé.

Le
camion
sert au
transport
des
marchandises

Les bateaux transportent
par mer des produits lourds.

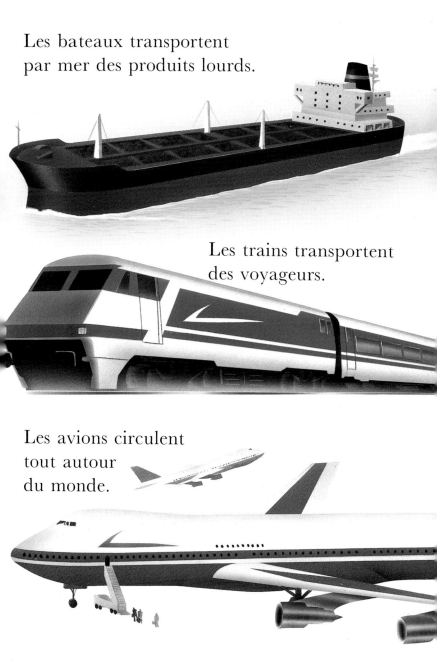

Les trains transportent
des voyageurs.

Les avions circulent
tout autour
du monde.

![factory icon] L'agriculture

Les agriculteurs cultivent la terre pour fournir les aliments dont les hommes ont besoin.

Les céréales, comme le blé, le maïs, le riz, sont cultivées dans le monde entier.

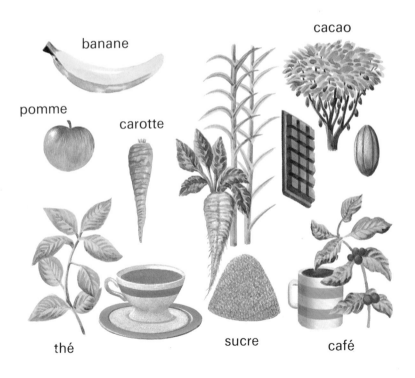

banane

cacao

pomme

carotte

thé

sucre

café

moissonneuse-batteuse

maïs

riz

blé

avoine

Les animaux de la ferme

Les agriculteurs cultivent la terre.
Ils élèvent aussi des animaux.

Les vaches donnent
du lait, qui sert
à faire le beurre
et le fromage.

Les poules pondent
des œufs.

Les animaux
donnent de la
viande.

Le mouton donne
de la laine.

⛭ La pêche en mer

Les poissons nourrissent les hommes. Il y a une multitude de poissons dans les mers.

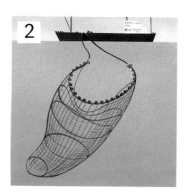

Les pêcheurs rapportent en bateau les poissons qu'ils ont pris au filet.

▥ Le bois des forêts

La forêt fournit du bois pour construire les maisons, fabriquer les meubles et produire du papier.

La sève de l'arbre à caoutchouc produit le caoutchouc. Les pneus et les gants sont fabriqués avec du caoutchouc.

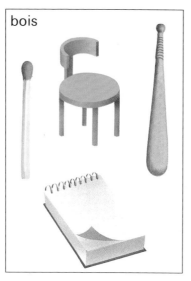

bois

caoutchouc

Quand on abat des arbres, il faut en replanter de nouveaux.

La Terre est riche.

Le sous-sol de la Terre renferme des
ressources, comme les combustibles.

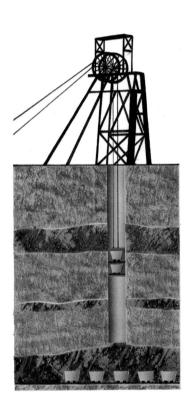

Ils donnent de la chaleur et de l'énergie.
Le charbon est extrait dans des mines.

Le pétrole et le gaz
sont extraits du sous-sol
de la Terre et du fond
de la mer.

Il faut forer ou creuser dans les roches
pour pomper le pétrole et le gaz.

La pollution

La pollution abîme la Terre.
La fumée et les gaz
provenant des voitures,
des centrales électriques
et des usines salissent l'air.

Les villes déversent des eaux d'égouts
et les usines rejettent des produits
chimiques qui polluent les fleuves et
les mers, détruisant la nature.

Les agriculteurs aspergent les champs
avec des produits chimiques dangereux.
Les ordures salissent la campagne.

Préservons la Terre !

Chacun peut faire que la Terre soit une planète propre où la vie soit agréable.

Si nous plantons des arbres, la Terre deviendra plus belle.

Les arbres abritent des animaux et maintiennent la pureté de l'air.

Pour garder la Terre propre, il faut faire attention à ce que l'on jette.

Des objets usagés peuvent être recyclés.
Ils sont réutilisés pour fabriquer des
produits neufs.

conteneurs

Ces objets
peuvent être
recyclés.

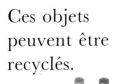

verre

métal

papier

caoutchouc

plastique

vieux habits

Les bouteilles de
verre vides se
jettent dans les
conteneurs. Elles
seront refondues.

En réutilisant les
choses usagées, on
évite de gaspiller
les ressources
de la Terre.

Notre planète

Nous savons à quoi ressemble
notre planète depuis le
début de l'ère spatiale.

Les photographies
prises de l'espace
montrent la Terre,
ses continents,
ses océans bleus,
ses nuages blancs.

La Terre est notre
maison. Nous ne devons
pas détruire ses ressources,
qui nous sont indispensables.

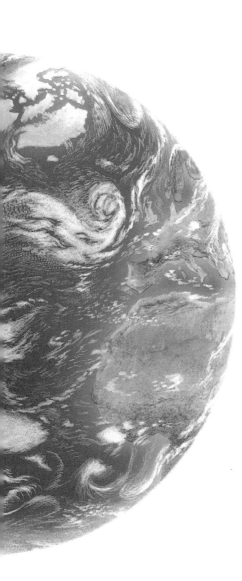

La Terre est la
seule planète
où il y a de l'air
et de l'eau.

Nous devons
tout faire
pour la
protéger.

Sais-tu que...

Les hommes détruisent chaque année une superficie de forêt tropicale humide égale à la surface de la Grèce.

Une cinquantaine d'espèces végétales et animales disparaissent chaque année à cause de la destruction de la forêt tropicale humide qui les abrite. Elles sont perdues pour toujours.

En recyclant une tonne de vieux papiers, on évite que 18 arbres soient abattus pour fabriquer du papier neuf.

En 1990, Mexico était la plus grande ville du monde, avec 18 millions d'habitants. Elle comptait plus d'habitants que l'Australie.

Cherchons de A à Z

SAMANTHA
...TE DE RETOUR